英国数学真简单团队/编著　华云鹏 王盈成/译

DK儿童数学分级阅读 第一辑

进阶挑战

数学真简单！

电子工业出版社·

Publishing House of Electronics Industry

北京·BEIJING

Original Title: Maths—No Problem! Extra Challenges, Ages 4–6 (Key Stage 1)
Copyright © Maths—No Problem!, 2022
A Penguin Random House Company

版权贸易合同登记号　图字：01-2024-1980

图书在版编目（CIP）数据

DK儿童数学分级阅读. 第一辑. 进阶挑战 / 英国数学真简单团队编著；华云鹏，王盈成译. --北京：电子工业出版社，2024.5
ISBN 978-7-121-47658-7

Ⅰ. ①D…　Ⅱ. ①英…　②华…　③王…　Ⅲ. ①数学－儿童读物　Ⅳ. ①O1-49

中国国家版本馆CIP数据核字（2024）第070402号

出版社感谢以下作者和顾问：Andy Psarianos, Judy Hornigold, Adam Gifford和Anne Hermanson博士。
已获Colophon Foundry的许可使用Castledown字体。

责任编辑：翟夏月
印　　刷：鸿博昊天科技有限公司
装　　订：鸿博昊天科技有限公司
出版发行：电子工业出版社
　　　　　北京市海淀区万寿路173信箱　　邮编：100036
开　　本：889×1194　1/16　印张：18　　字数：303千字
版　　次：2024年5月第1版
印　　次：2024年11月第2次印刷
定　　价：128.00元（全6册）

www.dk.com

目 录

鲁比　　艾略特　　阿米拉　　查尔斯　　露露　　萨姆　　奥克　　霍莉　　拉维　　艾玛　　雅各布　　汉娜

比大小

准 备

三个小朋友里谁的硬币最多？
谁的硬币最少？

举 例

比一比正方体的数量。

雅各布

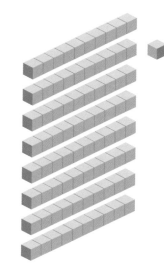

十位	个位
8	3

83也就是
8个十和3个一

阿米拉

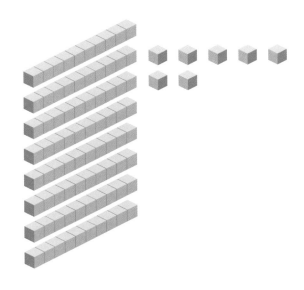

十位	个位
8	7

87也就是
8个十和7个一

艾玛

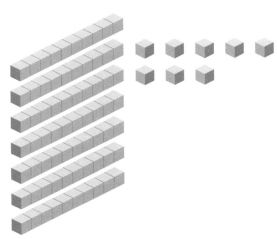

十位	个位
7	8

78也就是
7个十和8个一

先比较十位上的数字。

83和87都有8个十，可以直接比较个位上的数字。

艾玛的正方体最多。
阿米拉的正方体最少。

我们可以把数量按照由小到大的顺序排列。

78　83　87

最小 ——→ 最大

1 用数字卡片组成数字。

5　　7　　8

(1) 最大的两位数是 ☐ 。

(2) 最小的两位数是 ☐ 。

(3) 还可以组合出另外两个数字: ☐ ☐

2 (1) 1，2，3三个数字能组合出多少个大于20的两位数？

能组合出 ☐ 个大于20的两位数。

(2) 按照由大到小的顺序给上面的数排排队。

☐

最大 ⟶ 最小

3 对照数线，填一填。

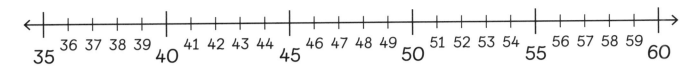

(1) 41 　　大1是 →

(2) 50 　　小1是 →

(3) 47 　　大10是 →

(4) 56 　　小10是 →

(5) 38 　　大20是 →

找规律

准 备

找规律填数字，每个数字只能用一次。

| 9 | 15 | 16 | 14 | 12 | 10 |

规律1: ?, ?, 11, ?

规律2: ?, ?, ?, 13

举 例

我可以按照由小到大的
顺序排列这些数。

| 9 | 10 | ? | 12 | ? | 14 | 15 | 16 |

现在我能发现
这个规律了。

8

2

我可以按照由大到小的顺序排列这些数。

| 16 | 15 | 14 | ? | 12 | ? | 10 | 9 |

现在我能发现这个规律了。

规律1中，每个数比前一个多1

规律2中，每个数比前一个少1

3

我们也可以用图形组成规律。

下面三种图形组成了一种规律。

这叫作重复排列规律，是 ▲

 三种图形的的重复排列。

1 找规律，填数字。

(1) 14, 15, ☐, ☐, ☐, 19

(2) 8, ☐, 12, ☐, 16

(3) ☐, 15, 20, ☐, 30

(4) 20, ☐, ☐, 50, 60

2 将答案填在空格内。

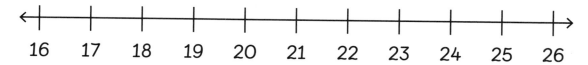

(1) ☐ 比19大1

(2) ☐ 比21小1

(3) ☐ 比15小2

(4) ☐ 比11大2

(5) 25比20大 ☐

(6) 比10大40是 ☐

(7) ☐ 比40大2

(8) 比 ☐ 小5是35

3 找规律，填数字。

(1) 35, 34, 33, 32, 31, ☐ , ☐ , 28

(2) 28, ☐ , 32, 34, 36, ☐ , ☐ , 42

(3) 60, 50, ☐ , 30, ☐ , ☐

4 (1) 从1开始，往后每5个数字填上黄色。

1	2	3	4	5	6	7	8	9	10
11	12	13	14	15	16	17	18	19	20
21	22	23	24	25	26	27	28	29	30
31	32	33	34	35	36	37	38	39	40

(2) 从1开始，往后每2个数字填上蓝色。

1	2	3	4	5	6	7	8	9	10
11	12	13	14	15	16	17	18	19	20
21	22	23	24	25	26	27	28	29	30
31	32	33	34	35	36	37	38	39	40

5 霍莉用这个图案制作了一组有规律的排序：

按照规律，画上空缺的图案。

6 按照排序的规律，补齐后面所缺的两个图形。

(1)

(2)

(3)

7 按照规律，在空缺处画上合适的图形。

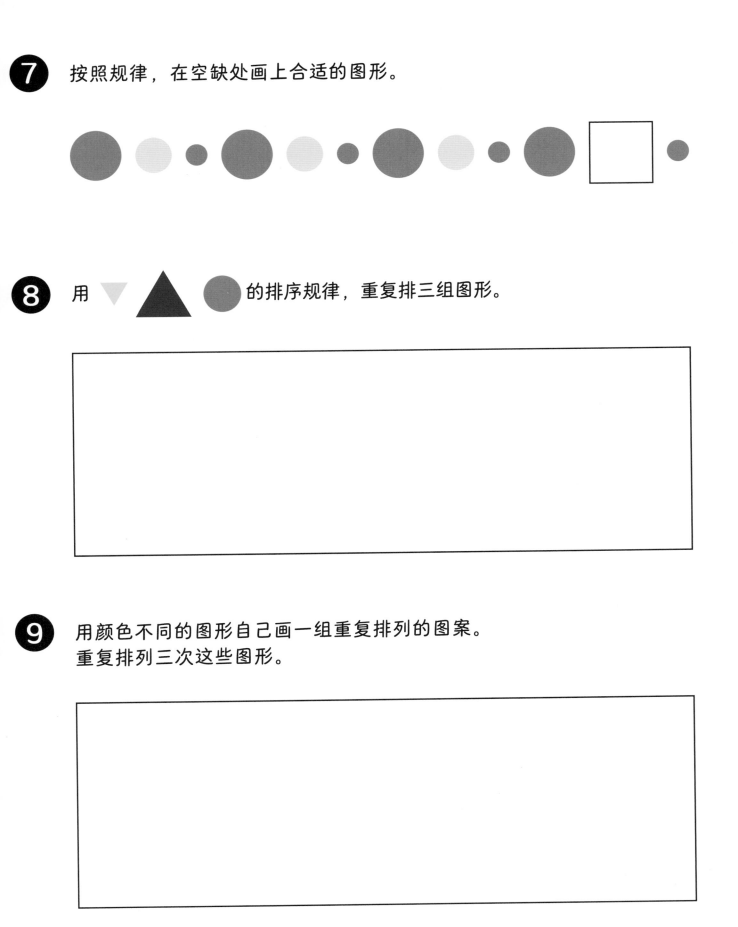

8 用 ▽ ▲ ● 的排序规律，重复排三组图形。

9 用颜色不同的图形自己画一组重复排列的图案。
重复排列三次这些图形。

加法和减法

准 备

树枝上本来有13只瓢虫，然后又飞过来5只。

现在一共有多少只瓢虫？

举 例

树枝上有13只瓢虫。

我可以看到5只瓢虫飞了过来。

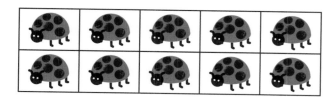

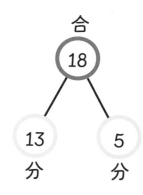

合

18

13　　5

分　　分

一共有18只瓢虫。

1

一共有多少支蜡烛？

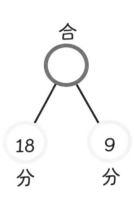

合

18 9
分 分

一共有 ⬚ 支蜡烛。

2 艾玛 烤了12块香草饼干和18块巧克力饼干。
她一共烤了多少块饼干？

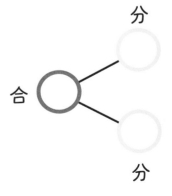

合 分

分

艾玛 一共烤了 ⬚ 块饼干。

3 雅各布 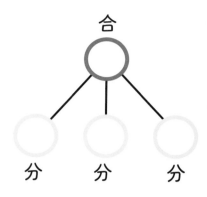 在读一本书。他在星期一读了8页，在星期二读了7页，在星期三读了9页。他一共读了多少页？

合

分　分　分

雅各布 一共读了 ☐ 页。

4

露露 要把11朵花插在花瓶里。
桌面上还剩多少朵花？

合

分　分

桌面上还剩 ☐ 朵花。

5 书架上有17本书，艾玛 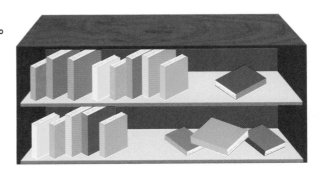 拿走了9本。
书架上还剩多少本书？

书架上还剩 ☐ 本书。

6 查尔斯  有21张贴纸，他送给霍莉2张，送给鲁比3张。
查尔斯还剩多少张贴纸？

查尔斯还剩 ☐ 张贴纸。

加减法算式

准备

鲁比 用 6 4 2 三个数字卡牌组成加减法算式。

她能写出几道算式？

举例

$2 + 4 = 6$

$4 + 2 = 6$

$6 - 4 = 2$

$6 - 2 = 4$

我们可以写出两道加法算式。

我们可以写出两道减法算式。

这就是一组加减法算式。

我们按什么顺序加数字重要吗？

鲁比 可以写出4道加减法算式。

1 用15，5，20写出一组加减法算式。

$\boxed{}$ + $\boxed{}$ = $\boxed{}$　　$\boxed{}$ − $\boxed{}$ = $\boxed{}$

$\boxed{}$ + $\boxed{}$ = $\boxed{}$　　$\boxed{}$ − $\boxed{}$ = $\boxed{}$

2

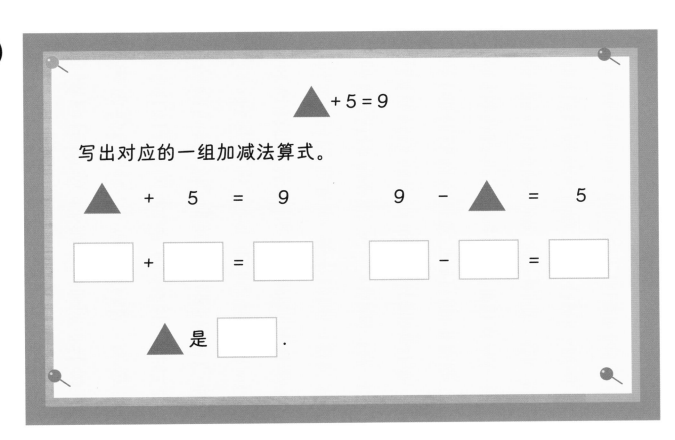

▲ + 5 = 9

写出对应的一组加减法算式。

▲ + 5 = 9　　　　9 − ▲ = 5

$\boxed{}$ + $\boxed{}$ = $\boxed{}$　　　$\boxed{}$ − $\boxed{}$ = $\boxed{}$

▲ 是 $\boxed{}$.

3 用下列三个数字写出一组加减法算式。

$\boxed{11}$　　　$\boxed{3}$　　　$\boxed{8}$

$\boxed{}$ + $\boxed{}$ = $\boxed{}$　　$\boxed{}$ − $\boxed{}$ = $\boxed{}$

$\boxed{}$ + $\boxed{}$ = $\boxed{}$　　$\boxed{}$ − $\boxed{}$ = $\boxed{}$

往前数做加法

准 备

我手上拿着11个计数器，我总共有23个计数器。

霍莉 的袋子里有多少个计数器？你是怎么算出来的？

举 例

合

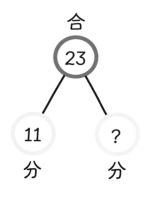

11加多少等于23呢？

$23 = 11 + ?$

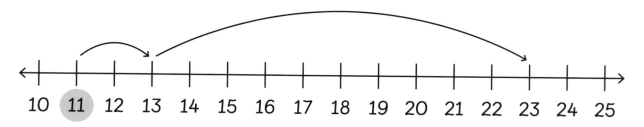

20

23 = 11 + 12

合
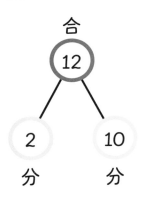

合
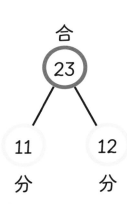

霍莉的袋子里有12个计数器。

练 习

1 鲁比 有7元，她想买一个20元的礼物 。

她还需要几元？

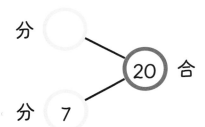

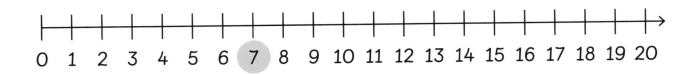

0 1 2 3 4 5 6 7 8 9 10 11 12 13 14 15 16 17 18 19 20

鲁比 还需要 ☐ 元才能买礼物 。

2 萨姆 必须在星期五之前读完20页书。到目前为止，他已经读了13页。他还要再读多少页才能完成目标？

我们应该加还是减？

萨姆 还要再读 ☐ 页。

3 拉维 有18张足球小卡。
这套足球小卡共有25张，拉维还需要多少张才能集齐？

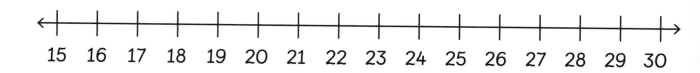

15 16 17 18 19 20 21 22 23 24 25 26 27 28 29 30

拉维还需要 ☐ 张足球小卡。

4 一班在学校大厅放了19把椅子。
他们总共需要摆放32把椅子。
还需要放多少把椅子？

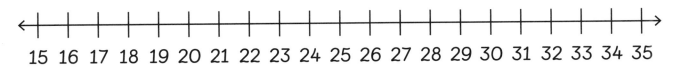

他们还需要放 [   ] 把椅子。

5 艾玛 有40颗种子，她先种了23颗。
她还剩下多少颗种子？

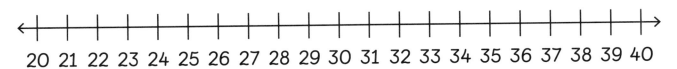

艾玛还剩 [   ] 颗种子。

学作数学题

准 备

艾略特 有9支蜡笔。

鲁比 又给了他8支蜡笔。

艾略特现在有多少支蜡笔？

举 例

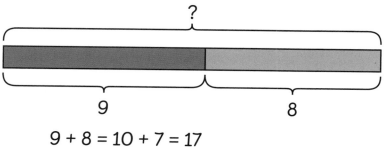

$$9 + 8 = 10 + 7 = 17$$

1   7

9 + 1 = 10

9 + 8 = 17 ，艾略特有17支蜡笔。

练 习

1 汉娜 有19个玩具，艾玛 有7个玩具。

(1) 和 共有多少个玩具？

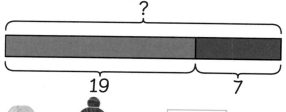

 和 共有 ▢ 个玩具。

(2) 用19和7两个数，自己写一道数学题。

有19个 [　　　] 和7个 [　　　] 。

总共有 [　　　] 个?

❷ 查尔斯 有一个能装15升水的水壶，他用了6升水浇花。水壶中还剩多少升水?

[　　　]

? [　　　]

水壶中还剩 [　　　] 升水。

❸ 碗里有32颗樱桃，阿米拉 吃了8颗，还剩多少颗樱桃?

[　　　]

[　　　] ?

阿米拉还剩 [　　　] 颗樱桃。

❹ 萨姆 正在存钱。他已经存了5元，并且需要25元才能买一本书。他还需要存多少钱?

萨姆 还需要存 [　　　] 元。

数学题拓展

准 备

查尔斯 有17张邮票。

霍莉 的邮票比查尔斯 多5张。

霍莉有多少张邮票？

举 例

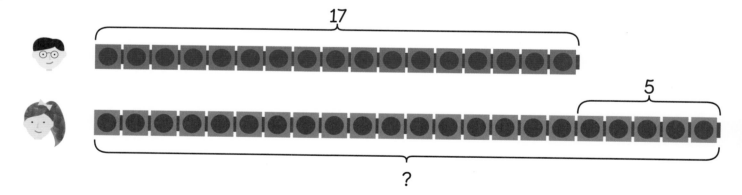

17 + 5 = 22，所以霍莉 有22张邮票。

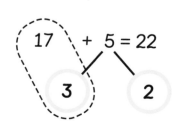

1 艾略特 有14个水果棒棒糖。

艾玛 的水果棒棒糖比艾略特的多6个。

艾玛有多少个水果棒棒糖？

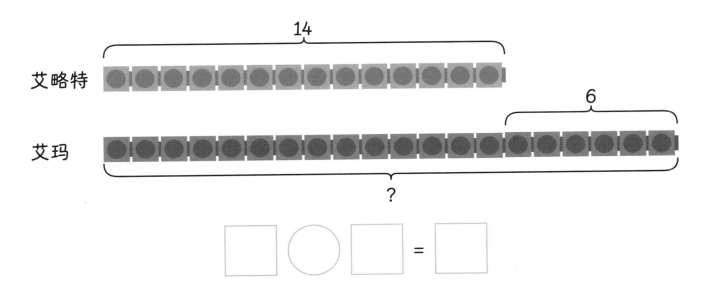

□ ◯ □ = □

艾玛有 □ 个棒棒糖。

2 霍莉 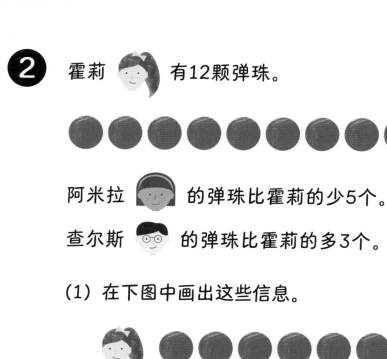 有12颗弹珠。

阿米拉 的弹珠比霍莉的少5个。

查尔斯 的弹珠比霍莉的多3个。

（1）在下图中画出这些信息。

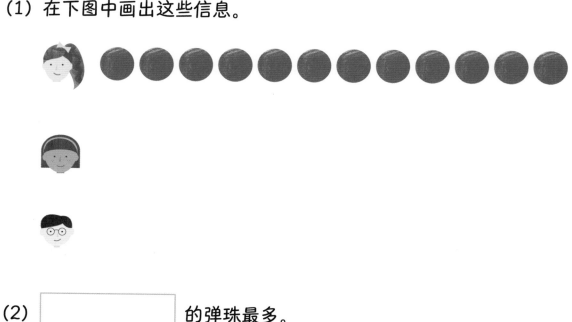

（2） [　　　　　　　] 的弹珠最多。

（3） [　　　　　　　] 的弹珠最少。

（4）查尔斯的弹珠比阿米拉的多 [　　] 个。

（5）霍莉和阿米拉总共有 [　　] 个弹珠。

3 阿米拉 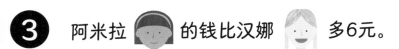 的钱比汉娜 多6元。

阿米拉有22元。

汉娜有多少钱?

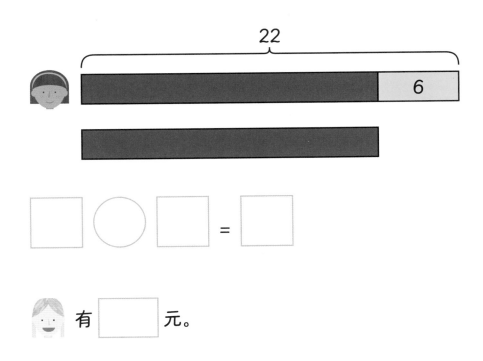

汉娜 有 ⬜ 元。

4 艾略特 两天读了38页书 。

他在第二天读了11页,他在第一天读了多少页?

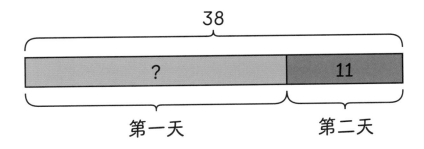

艾略特 在第一天读了 ⬜ 页。

5 用数字10和6写一道减法题。

会想到什么主题呢？

可以用到剩下、多、少、拿走这些词语。

6 用数字14和20写两道不同的数学题。
写一道加法题、一道减法题。

7 如果一道数学题的答案是9······

（1）你能用9作为答案写一道加法题吗？

（2）你能用9作为答案写一道减法题吗？

8 看图，自己编几道数学题。

小朋友们在做什么呢？

均分

准 备

露露 有15个李子。

她在每个碗里放了相同数量的李子。

每个碗里有多少个李子？

举 例

每个碗里有 个李子。

将15个李子分成
数量相同的三组。

32

移动铅笔，让每个笔筒中的铅笔数量相等。

(1) 每个笔筒里有多少支铅笔？

每个笔筒里有 ☐ 支铅笔。

(2) 如果是4个笔筒，每个笔筒里有相同数量的铅笔，那么每个笔筒里将有多少支铅笔？

每个笔筒里将有 ☐ 支铅笔。

(1) 把星星分成5个一组，能分成几组？

可以分成 ☐ 组。

(2) 把星星分成4个一组，能分成几组？

可以分成 ☐ 组。

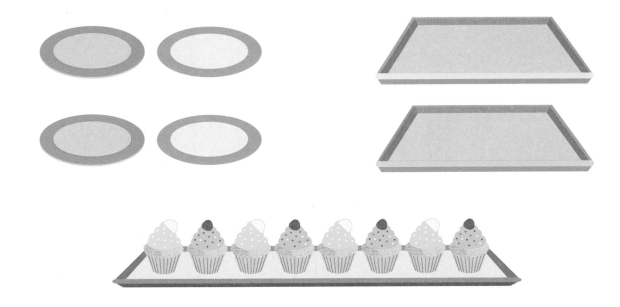

你能根据图片想出一道数学题吗？

 把20个梨 平均放到4个碗里。

每个碗里有 □ 个梨 。

5 汉娜 把25支笔平均放在5个铅笔盒里。

每个铅笔盒里有多少支笔?

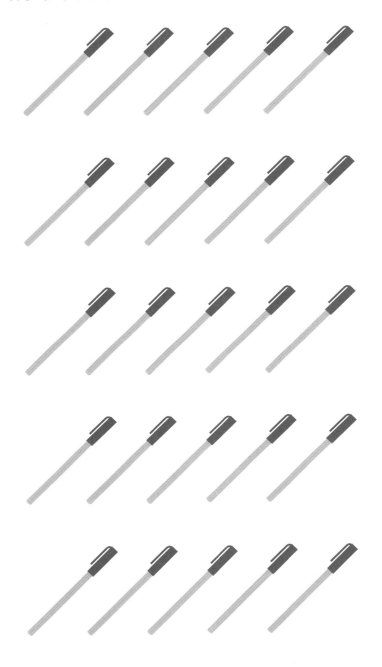

每个铅笔盒里有 ☐ 支笔。

将数量相等的几组相加

准 备

每个午餐盒里都有2个三明治。

3个午餐盒里有多少个三明治？

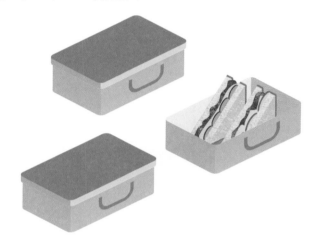

举 例

2, 4, 6。

共有3组，每组2个，一共有6个。

3个2是6

所以3个午餐盒里有6个三明治。

1 一个盒子里有10个甜甜圈。
4个盒子里有多少个甜甜圈？

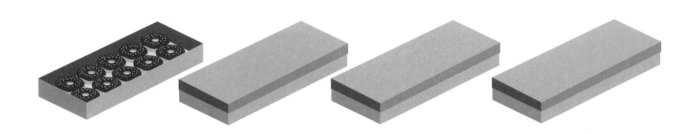

　　　　　 个10是 　　　　。

4个盒子里有 　　　　 个甜甜圈。

2 每个袋子里有5个弹珠。
7个袋子里有多少个弹珠？

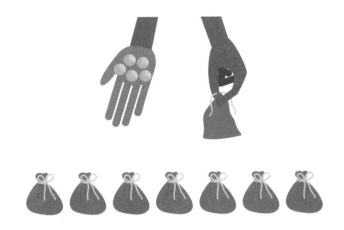

　　　　 个 　　　　 是 　　　　。

7个袋子里有 　　　　 个弹珠。

平分和分组

霍莉把  网球总数量的 $\frac{1}{4}$ 放到篮子里。
篮子里有多少个网球？

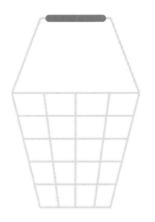

$\frac{1}{4}$	$\frac{1}{4}$

$\frac{1}{4}$ 　　 $\frac{1}{4}$

将总数量分为
4等份。

20个网球的 $\frac{1}{4}$ 是5个网球。
篮子里有5个网球。

1 篮子里有16个鸡蛋。霍莉 拿了一半，艾略特 拿了四分之一。

16

霍莉　　　　艾略特

每人拿了几个鸡蛋？

霍莉拿了 ☐ 个鸡蛋。

艾略特拿了 ☐ 个鸡蛋。

2 拉维 把他24张足球小卡中的 $\frac{1}{4}$ 送给了查尔斯 。
他送给查尔斯几张足球小卡？

拉维送给查尔斯 ☐ 张足球小卡。

3 盒子里有8块饼干。艾玛 拿走了四分之一。
艾玛拿走了几块饼干？

艾玛拿走了 ☐ 块饼干。

测量长度和高度

准 备

比较下列物品的长度

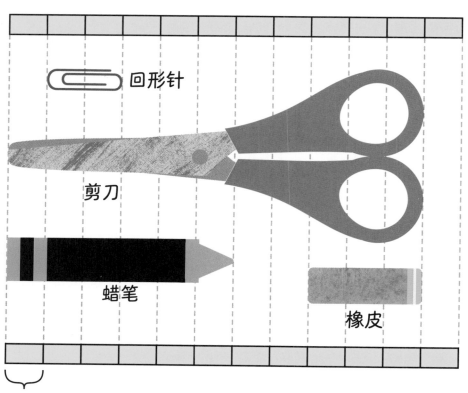

回形针

剪刀

蜡笔

橡皮

一个计量单位（厘米）

举 例

1 剪刀 最长，长度是11厘米。

回形针 最短，长度是2厘米。

橡皮 比回形针 长，比蜡笔 短。

②

 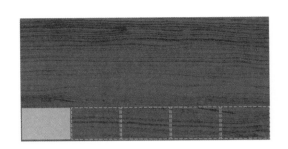

霍莉 用一本书测量桌子的长度。

桌子有5本 那么长。

霍莉用一本书测量桌子的高度。

桌子有4本 那么高。

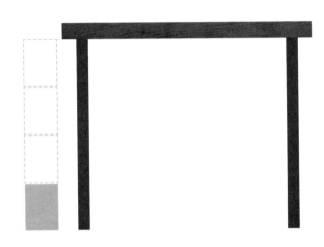

练 习

① 用一本书测量下列物品。

物品	高度	长度
沙发		
床		
桌子		

2 用尺子测量直线的长度。

直线A

直线B

直线C

将答案写在下表中。

直线	长度（厘米）
直线A	
直线B	
直线C	

用长或短填空。

(1) 直线A比直线B _____ 。

(2) 直线B比直线C _____ 。

(3) 直线C比直线A _____ 。

3 用尺子测量图形的边长，并填空。

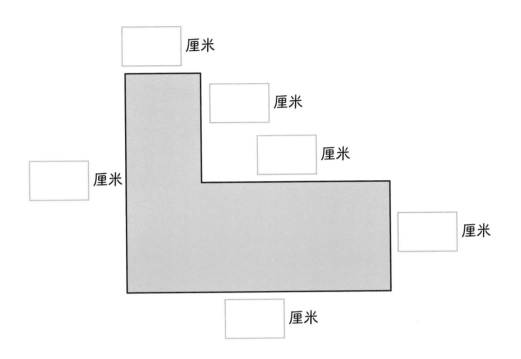

厘米

厘米

厘米

厘米

厘米

厘米

4 用尺子画出以下长度的直线：

(1) 9 厘米

(2) 12 厘米

认识图形

准 备

霍莉 用不同的图形画了一栋楼。

她用到了哪些图形？

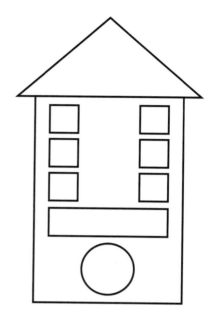

举 例

霍莉用了这些图形。

图形名称	图形数量
□	6
▭	2
△	1
○	1

44

观察下图。

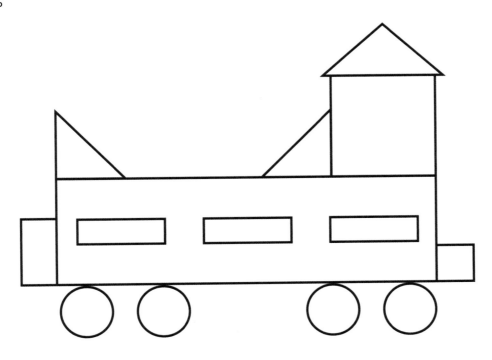

每种图形你能找到多少种？

图形名称	图形数量
□	
▭	
◺	
○	

参考答案

第 6 页　**1 (1)** 87。　**(2)** 57。　**(3)** 以下任意两个：58，75，78，85。
　　　　　　2 (1) 6个。　**(2)** 33，32，31，23，22，21。

第 7 页　**3 (1)** 42。**(2)** 49。**(3)** 57。**(4)** 46。**(5)** 58。

第 10 页　**1 (1)** 16，17，18。**(2)** 10，14。**(3)** 10，25。**(4)** 30，40。
　　　　　　2 (1) 20。　**(2)** 20。　**(3)** 13。　**(4)** 13。　**(5)** 5。　**(6)** 50。　**(7)** 42。　**(8)** 40。

第 11 页　**3 (1)** 30，29。**(2)** 30，38，40。**(3)** 40，20，10。

4 (1)

1	2	3	4	5	6	7	8	9	10
11	12	13	14	15	16	17	18	19	20
21	22	23	24	25	26	27	28	29	30
31	32	33	34	35	36	37	38	39	40

(2)

1	2	3	4	5	6	7	8	9	10
11	12	13	14	15	16	17	18	19	20
21	22	23	24	25	26	27	28	29	30
31	32	33	34	35	36	37	38	39	40

第 12 页　**5** 　**6 (1)** 　**(2)** 　**(3)**

第 13 页　**7** ⬤　**8~9** 答案不唯一。

第 15 页　**1** 27。　　　**2** 30。　

第 16 页　**3** 24。　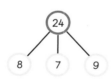　　**4** 19。　

第 17 页　**5** 8。　**6** 16。

第 19 页　**1** 15 + 5 = 20, 5 + 15 = 20, 20 − 15 = 5, 20 − 5 = 15。
　　　　　2 4 + 5 = 9, 9 − 4 = 5, ▲ 是 4。
　　　　　3 8 + 3 = 11, 3 + 8 = 11, 11 − 8 = 3, 11 − 3 = 8。

第 21 页　**1** 13。　

第 22 页　**2** 7。　**3** 7。

第 23 页　**4** 13。　**5** 17。

第 24 页　　1 (1) 26。

第 25 页　　(1) 答案不唯一。　2 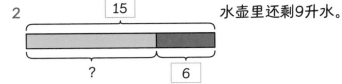　水壶里还剩9升水。

3 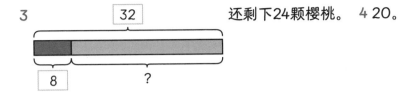　还剩下24颗樱桃。　4 20。

第 27 页　　1 14+6=20，20。

第 28 页　　2 (1) 7个弹珠，15个弹珠。　(2) 查尔斯。　(3) 阿米拉。　(4) 8。　(5) 19。

第 29 页　　3 22-6=16，16。　4 27。

第 30 页　　5~7 答案不唯一。

第 31 页　　8 答案不唯一。

第 32 页　　5。

第 33 页　　1 (1) 4。　(2) 3。
　　　　　　2 (1) 4。　(2) 5。

第 34 页　　3 答案不唯一。　4 5。

第 35 页　　5 5。

第 37 页　　1 4个10是40。40个。
　　　　　　2 7个5是35。35个。

第 39 页　　1 8，4。　2 6。　3 2。

第 41 页　　1 答案不唯一。

第 42 页　　2 5厘米，7厘米，9厘米。(1) 短。(2) 短。(3) 长。

第 43 页　　3

第 45 页　2个 □ , 5个 ▭ , 3个 ◺ , 4个 ○ 。